U0164779

大人照顧者

④

食物篇

編者的話

文：陳曉蕾

　　食物常常成為照顧者與被照顧者之間的拉鋸戰：

　　為了健康，要吃得清淡、吃得有營養……嘮嘮叨叨說不完；患病初期更為掛心，尤其認知障礙症人士飽餓不分，重複或忘記進食，態度堅持讓照顧者費盡心力。而到了晚期，更得面對最後一程其中最艱難的決定：要否插入鼻胃喉強迫灌食？

對於一些照顧者，食物彷彿是打仗的「武器」，必須維持營養，然而食物也是認知障礙症人士愈來愈少數可以享受的生活質素。「如果我們一般人都會偶然無胃口，其實也可否體諒病人偶然不想進食？」紓緩治療科護士這樣說。

　　這本書訪問了很多專家，最後仍是多位照顧者的訪問，讓大家參考不同的價值觀和選擇。

目錄

1 ｜ 開始唔願食？兩個常見誤解

長者無胃口，有時是自己覺得年紀大，不必進食太多，不需攝取太多營養，卻導致免疫力下降，更易生病；有時則是因為家人要求吃得清淡，少鹽少糖少油——結果也吃得少。

誤解一 ｜ 清淡先健康？

味覺的靈敏度，跟舌頭上的味蕾細胞有關。這細胞本來每隔幾天就會再生，但年齡漸長，再生速度也會變慢。味蕾靈敏度自然降低了，於是人就愈吃愈鹹，相反味道清淡的東西比較難引起食慾。

《老後行為說明書》一書提到年過五十五，發生「味覺障礙」的機會是年輕時的三倍以上，而味蕾可以感受到的五種味道：鹹、苦、鮮、酸、甜，退化程度並不是一樣的。年長時要嚐到和年少時一樣的味道，鹹味要增加 11.6 倍！

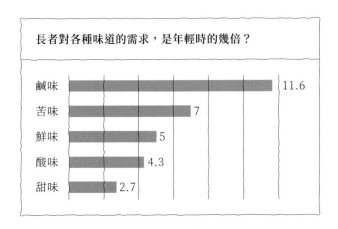

長者對各種味道的需求，是年輕時的幾倍？

鹹味　11.6
苦味　7
鮮味　5
酸味　4.3
甜味　2.7

　　味道濃一點，有助增加食慾，但太鹹，容易增加心血管疾病及中風的風險——不少照顧者相信健康比味道更重要：「唔好食咁鹹！」「濃味對身體唔好！」「怎樣令老人家吃得清淡一點？」照顧者與被照顧者於是不時起衝突。

老人科醫學權威、香港中文大學賽馬會老年學研究所所長胡令芳直言，很多時照顧者把自己對健康的「信念」套入長者身上，忽略了老年人的味覺退化。

胡令芳曾經與研究團隊在沙田醫院進行實驗：同樣的食物下同樣的鹽，其中一樣加了薑、蒜、芝麻油、蠔油、米酒等調味，結果使用蠔油的日子，病人進食量增加 44%；使用薑和蒜，進食量增加42% —— 進食量增加，才能攝取更多能量和營養。

她強調「平衡」的重要性，若然長者沒胃口、吃得少，令營養不夠，只會令身體更差。「最有趣是有一組健康的人，自願來醫院住，發現進食量和病人一樣減少！」胡令芳笑言：「即是有病無病，在醫院都吃不好。」

「有些長者瘦得皮包骨，仍然堅持戒口。我們要懂得轉彎。」胡令芳指不少長者有高血壓，長期服藥十多二十年，老化加上藥物影響，很容易影響胃口。兩害取其輕，當體重不健康地下跌，有時寧可暫時停藥，讓病人恢復胃口。

　　她說味蕾可以調整，用較長時間慢慢減少鹹度，讓味覺適應。若然長者堅持餸菜要鹹，可以增加其他營養：「吃鹹在學術上等同多攝取了鈉，增加攝取其他營養素就可以平衡，例如鉀和鎂，吃生果和蔬菜，如香蕉、橙、番茄等可以補充。」

被照顧者的口味變化

喜歡吃的食物

如何增加其他營養？

照顧心得

中醫：陳皮水、山渣水健脾

中醫認為味覺與脾相關，年紀大脾胃功能弱，對味道的感覺變差，胃口大減。

懸壺善學堂中醫師梁志軒指體弱長者更喜歡甜食：「人和動物都有本領，會吃能夠醫治自己不適的食物。甘味即是甜味，有補虛的功能，多吃甘味，可補回臟腑的虛弱。」

患病長者有時會吃出「怪味」。梁志軒解釋這大多是因為生病：「要看內臟功能是否出問題。」中醫相信五味對應臟腑：脾是甘味；心是苦味；肝是酸味；肺是辛味；腎是鹹味，不同器官出問題，該臟腑所主的味道就有可能呈現出來。

梁志軒建議飲用陳皮水或山渣水以健脾醒胃，有助改善食慾之餘，不會再倚賴調味。

營養師：花椒、八角添風味

「我認識一位九十多歲的婆婆，竟然要我幫她的咖啡下三包糖。」營養學家伍雅芬說隨著年紀增長，人類的味覺會漸漸退化，這是一種正常的生理現象。

其中鹹味是老年味覺感受中退化最快的，所以長者食得愈來愈鹹是很普遍的。「鹹的食物通常含鈉量都較高，而攝取過量的鈉質會容易造成高血壓、水腫等影響腎臟功能的問題。」她提醒不論年紀，需要的鈉質都很少，每人每天不可以攝取多於一茶匙的鹽。

她建議長者多用不同的香料煮食，尤其花椒、八角等香料，增加風味，滿足味覺的刺激，從而減少用鹽。

改善胃口的方法

改變烹調的方法

照顧心得

誤解二 ｜ 人老自然瘦？

有些長者以為人老了自然會瘦，不用工作，也不需要太多營養。然而長者新陳代謝速度較年青人慢，反而更要注重營養。

香港醫護聯盟在 2018 年調查了近三百位長者中心的長者，發現只有 16% 被訪者在選擇早餐時，會考慮營養因素，有三份一更直言「進食早餐時不用補充太多蛋白質及各類營養」。

註冊營養師陳玉儀指一般長者以為早餐應清淡，吃白麵包、白粥便可，但其實早餐是一天最重要的一餐，「經過一晚，早上人體血糖偏低，這時需要及時補充能量。早餐提供我們一天活動所需的四份一能量，讓長者醒神迎接新一天。」

香港老年學會會長梁萬福醫生指不少長者對食物的認知存在錯誤觀念：「部份長者因為擔心『三高』，即是高血糖、高血脂、高血壓，未經醫護人員指示下自行戒口或節食。」

　　香港中文大學於 2012 年起，連續五年研究 4,000 名長者，發現近半社區長者有營養不良的風險，大部份長者膳食中缺乏足夠的肉類、蔬菜和水果，各種維他命及礦物質亦攝取不足。女性比男性更多出現營養不良，隨著年紀愈長，營養不足的情況也更嚴重。

STORY
戒口反而多病

60 歲的周女士是香港醫護聯盟其中一位被訪長者，她每天早餐只吃白麵包，下午吃麵及青菜，間中才加幾粒肉丸，晚上吃少量飯、少量肉和蔬菜。

她以為這樣對身體好一點，卻被營養師指營養吸收不足：怕肚屙不飲奶類製品，於是缺乏鈣質；怕膽固醇不吃雞蛋，導致蛋白質不足。

周女士較易感到疲倦，患小毛病痊癒速度也比其他人慢。「出現這些問題，不單單是人體衰老的自然現象，追其根源可能是缺乏某些營養素。如果長年累月持續這樣的飲食習慣，可能大大增加免疫力下降的風險。」香港醫護聯盟發言人回應說。

營養不良指標

- 身體質量指數（BMI）低於 18.5

$$BMI = \frac{體重（公斤）}{身高（公尺）\times 身高（公尺）}$$

- 三至六個月內體重消減多於 5%

梁萬福指醫生會以 BMI 評估長者是否營養不良，也會注意是否過短時間內消瘦：「腰圍減一吋，就等於減少了 3.6 至 4.5 公斤。」

更需蛋白質

由於長者肌肉流失速度加快，比年青人更需要蛋白質。營養不良、患有嚴重疾病或受傷的長者，每公斤體重計，需要每天攝取兩克蛋白質來維持身體所需，例如重 40 公斤的體弱長者，需要 80 克蛋白質，這比年青人所需高出一半。

每公斤體重的蛋白質需要

一般成年人 .... 0.8 克

一般長者 .... 1-1.2 克

營養不良的長者 .... 2 克

參考

雞蛋一隻（50 克）= 蛋白質 7 克　　　　免治豬肉 100 克 = 蛋白質 26 克

大豆 100 克 = 蛋白質 36 克　　　　雞肉 100 克（連皮）= 蛋白質 28 克

免治牛肉 100 克 = 蛋白質 25 克　　　　三文魚 100 克 = 蛋白質 24 克

（資料來源：食物安全中心食物營養計算器）

被照顧者的體重及 BMI 變化

量度日期	體重	BMI

需要的蛋白質克數

增加蛋白質的餐單

照顧心得

有用連結

長者健康服務網站

　　由衞生署設立，齊備食譜、病症護理、情緒紓解等適合長者的健康資訊。

食物營養計算器

　　長者未必吃得多，但需要吃得「好」，想知道每天食物的營養量，可以參考食物安全中心的食物營養計算器。

其他有用資料

2 | 八個認知障礙症
初中期飲食對策

家人患上認知障礙症，食量漸漸減少，平時喜歡吃的，餵到嘴邊也沒有興趣，就算放進口裡也遲遲不肯吞下，最終還是吐出來，讓照顧者很擔心。

這章整理多種照顧者常面對的情況，資料除了來自專訪，也參考了衞生署《認知障礙症 100 問》。

認知障礙症人士會出現什麼飲食問題？

由於判斷力衰退，不同階段會出現不同的飲食問題。

早期：

- 購買食物的能力漸差，影響食材的選擇及食譜的多元化

- 烹調食物的技巧漸衰退，如忘記放或重複加調味品。不少從前是烹調高手者，會因餸菜質素大不如前而影響食慾

- 忘記需要進食或曾否進食

- 不能辨別食物質素，以致進食已變壞的食物

- 口渴感覺減弱，忘記飲水

- 飲食習慣轉變，如喜歡過鹹或過甜食物、偏愛某類食物等

- 選擇異常的食物，如進食整樽茄汁

中期：

- 言語表達困難，如未能說出想吃的食物

- 用膳時，只把食物含在口中，忘記咀嚼，或不斷咀嚼，卻久久不吞下

- 經常吐出口中食物

- 進食速度過快或過慢

- 忘記如何使用餐具

- 不能集中精神和安靜地坐下進食

晚期：

- 不能辨別食物，甚至誤把非食物類東西放進口中

- 不知飽餓，失去進食的動機及主動性，要由別人餵食，甚至需用鼻管餵食

- 拒絕進食，或打翻送上來的食物

被照顧者目前的飲食挑戰

試過的方法和效果

疑問

邊度搵幫手？

不肯咀嚼、或者咀嚼後又吐出來？

可能把咀嚼及吞嚥程序混淆了，影響進食能力。

語句提示

利用簡單易明的語句提示每一個步驟：「張開口」、「拿起湯匙」、「把食物放到口中」、「慢慢咬爛食物」、「把食物吞下」……這個方法可鼓勵自行進食，毋須過份依賴他人。

易嚼食物

- 軟身的肉類、豆腐及奶製品：如魚肉、蛋、碎肉、豆腐、芝士、乳酪等

- 避免太大片、有骨和難以進食的食物：如雞翼、雞腳、排骨、魚頭等

- 軟身的瓜菜類：如冬瓜、節瓜、番茄、已切成細段並煮至軟身的蔬菜

- 較易咀嚼的水果：如香蕉、去皮李子（布冧）、去皮無核的木瓜、西瓜等

- 較易咀嚼的穀物類：如麥片、粥、浸軟的麵包或餅乾、煮至軟身的粉麵飯等

忘記已經進食，不斷要求進食？

記憶力衰退，忘記做過的事；也可能因為吃東西感到滿足，不斷想再吃。

實踐現實導向

寫下每天吃飯時間，於每餐飯後記錄，並張貼於當眼處。在其他時間，則把食物放在視線範圍之外，以免誘發食慾。

用碗碟提示

以實物提醒已進食，例如帶長者進廚房，指示剛洗完的碗碟、進食後的碗碟或食物包裝等。

溫和回應

可用溫和語氣安撫：「今天的午餐你已吃過牛

肉飯，晚餐想吃什麼？」「一會兒我就去準備晚餐，
請再等一等吧！」

多餐少吃

考慮正餐減份量，將部份食物留待兩餐之間，
而當要求進食時，可使用容量較小的餐具，如較細
的碗和湯匙。

選擇食物

提供低熱量或需較多咀嚼的食物，如全麥餅、
全麥麵包、水果、焓粟米等。

生活有寄託

日間多安排運動及活動，分散注意力，減少要
求進食次數。

不肯食，或者堅持食物有毒？

可能因胃口欠佳、情緒低落，甚至因幻覺堅信食物有毒而不願進食。首先不要勉強，而是先了解原因，再因勢利導，對症下藥。

投其所好

每餐提供一種喜愛的食物，以助集中注意力及提高食慾。

增加食物的色、香、味

不妨多選不同顏色的配料及天然調味料，如番茄、粟米粒、蔥、芹菜等，以增進食慾。

形象化餸菜

用一些形容詞，生動描述食物，加強餸菜的形

象，增加食慾，例如：「雲吞很大粒，很多汁！」

看準時機

找合適的時機提供食物，例如沐浴或運動過後，因為肚餓而增加食慾。

增加營養

選擇高營的餸菜，如肉碎蒸水蛋、薯仔炆雞粒；在正餐之間安排高營養小食，如雞蛋三文治、芝麻糊；考慮使用營養補充品。

試食解慮

如果患者堅持食物有毒，不要爭拗，可以先在他面前試食，以加強信心，亦避免將藥物混入食物內。

吃得非常慢，要餵一兩個小時？

可以是因為不斷咀嚼或者忘記吞嚥，照顧者每餐最少安排 30 至 45 分鐘，不宜過份催促。

減少干擾

用膳時把收音機、電視機等關上，避免使用過多圖案的餐具，餐枱不要放花瓶、紙巾盒、牙籤筒等不是食物或食具的東西。

分成數份

先吃完一份，然後才把另一份加熱；使用保溫餐具盛載食物，可減慢散熱。

容易咀嚼

例如豆腐、蒸水蛋、肉碎等，有助進食。

示範動作

適時溫和地提示和示範如何咀嚼及吞嚥。

特別餐具

用湯匙或叉代替筷子、使用防滑墊、餐具與食物顏色有明顯對比。亦可諮詢職業治療師，選用其他合適的輔助器具。

不斷搖動，想離開餐桌，甚至擲食物？

未能安靜坐下來進食，可能與未能消耗過剩的體力有關。

增加活動

檢視長者的生活時間表，安排較多體能活動。

小型食物

提供一些較細件、容易拿取的食物，例如菜肉包、切細的三文治、去皮去核的切件水果等，讓長者離開餐桌也可拿著食物邊走邊吃。

安撫情緒

　　提供食物前，先安撫長者情緒，安靜下來才進餐，每次只提供少量食物，吃完再添。使用不容易破碎的進食器具，照顧者應坐在長者身體較弱的一邊餵食，以免受襲。

被照顧者的情況

試過的方法和效果

心得

疑問

怎樣出外吃飯？

中期認知障礙症人士對環境聲音較敏感，人多或嘈吵，或會誘發過激反應。

- 選較靜的食肆及遠離門口的座位，可以背對門口坐
- 邀請長者參與點菜，增加自信
- 如果擔心長者沒耐性，可以先點冷盤或小吃
- 如果使用食具的能力下降，可選擇拿著吃的食物，如三文治

被照顧者喜歡去的餐廳

事前準備

照顧者好擔心？

耆智園護理部主管李珮綿留意到不少照顧者，尤其在家照顧的，日常照顧已經相當辛勞，如長者拒食或吃得不合作，壓力更大。

「調節心情很重要，因為長者未必懂得表達，但絕對感受到身邊人的情緒，環境嘈雜，有人走來走去也會心散得不肯吃。所以強逼他們進食，只會令他們對吃的意慾降得更低。」李珮綿解釋。

言語治療師 Winnie 曾經讓照顧者互相餵食凝固粉，想像患者的感受。照顧者 Monica 裝作失去吞嚥能力，又不願張開口：「原來真的好難放進嘴裡，剛才我嘗試不吞嚥，食物在口腔內，很不舒服。」照顧者 Candy 覺得，最重要是照顧者有耐心：「小時候她哄我吃飯，現在由我哄她。」

Winnie 強調：「進餐不要好像完成一件差事，不要強行餵，可以試試少吃多餐，以長者享受為目標。」

日本編製的《吞嚥困難障礙者必讀》有一篇文章很有啟發性：長者每天都出外散步，但如果有天狀況不佳，就不出門了；可是同樣是身體不舒服，照顧者往往仍然努力要長者在某個時段內吃下所有餐點。

「用餐是配合照顧者的步調，還是被照顧者的步調走呢？」

書中提出當吃東西成為維持生命的「義務」，人們就會感受不到食物的美味，也無法享受美食所帶來的喜悅。

港大吞嚥研究所網上教材

香港大學吞嚥研究所的網站十分專業，針對不同類型的需要，設計吞嚥練習和口腔復康鍛煉練習。

口腔復康鍛煉練習

八段短片分別訓練嘴唇運動幅度、嘴唇力度、舌頭力度、舌頭運動幅度和臉頰力度等。

吞嚥及咬字練習

四段短片主要針對未能完全控制舌頭、嘴巴開合困難、難以吞嚥等。

「食多 D · 講多 D」應用程式

由香港大學教育學院吞嚥研究所開發，適合吞嚥及溝通障礙人士使用。用家可透過 APP 內問卷，自行評估吞嚥能力，並跟從短片，進行四個吞嚥口肌練習。APP 亦提供吞嚥障礙資訊，介紹其病徵、併發症及注意事項。

iOS 下載　　Android 下載

3 ｜ 吞嚥困難評估

認知障礙症人士隨著退化，飲食會出現不同挑戰。耆智園資料指出：吞嚥功能正常時，20 分鐘內可進食超過一半或以上的正餐食物──長者如果連續兩天進食的食物或液體都少於一半，就顯示吞嚥有困難。

香港大學吞嚥研究所 2015 年調查發現：全港約六成院舍長者及四成接受日間服務的長者有吞嚥困難。社聯因而推算全港超過 10 萬名長者受這問題困擾。

吞嚥能力評估 EAT-10

在三個月內：

沒有發生 0 分 ／ 偶然發生 1 分 ／ 時常發生 2 分

經常發生但不嚴重 3 分 ／ 經常發生且很嚴重 4 分

1. 吞嚥問題令體重下降

沒有發生	偶然發生	時常發生	經常發生但不嚴重	經常發生且很嚴重
○	○	○	○	○
0 分	1 分	2 分	3 分	4 分

2. 吞嚥問題影響外出用餐

沒有發生	偶然發生	時常發生	經常發生但不嚴重	經常發生且很嚴重
○	○	○	○	○
0 分	1 分	2 分	3 分	4 分

3. 進食液體或流質食物較費勁

沒有發生	偶然發生	時常發生	經常發生 但不嚴重	經常發生 且很嚴重
○	○	○	○	○
0分	1分	2分	3分	4分

4. 進食固體食物較費勁

沒有發生	偶然發生	時常發生	經常發生 但不嚴重	經常發生 且很嚴重
○	○	○	○	○
0分	1分	2分	3分	4分

5. 吞食藥丸時較費勁

沒有發生	偶然發生	時常發生	經常發生 但不嚴重	經常發生 且很嚴重
○	○	○	○	○
0分	1分	2分	3分	4分

6. 吞嚥時感痛楚

沒有發生	偶然發生	時常發生	經常發生 但不嚴重	經常發生 且很嚴重
○	○	○	○	○
0分	1分	2分	3分	4分

7. 吞嚥困難減少進食樂趣

沒有發生	偶然發生	時常發生	經常發生但不嚴重	經常發生且很嚴重
◯	◯	◯	◯	◯
0分	1分	2分	3分	4分

8. 吞嚥後，食物會黏在咽喉

沒有發生	偶然發生	時常發生	經常發生但不嚴重	經常發生且很嚴重
◯	◯	◯	◯	◯
0分	1分	2分	3分	4分

9. 進食時會咳嗽

沒有發生	偶然發生	時常發生	經常發生但不嚴重	經常發生且很嚴重
◯	◯	◯	◯	◯
0分	1分	2分	3分	4分

10. 吞嚥時感到有壓力

沒有發生	偶然發生	時常發生	經常發生但不嚴重	經常發生且很嚴重
◯	◯	◯	◯	◯
0分	1分	2分	3分	4分

EAT-10 吞嚥能力測試由十個問題組成,最高分 40 分, 3 分以上就可能有吞嚥困難的風險,可諮詢言語治療師和醫生。

測試日期	測試分數

4 | 點搵言語治療師?

吞嚥過程出現困難,可以找言語治療師。

在香港,最常見的情況是入公立醫院時,病患會被評估,留院期間可以吃正常、碎餐、糊餐還是要插鼻胃喉,有需要就會轉介給言語治療師。而院舍病人返回院舍後,職員會根據評估來安排膳食,直到吞嚥情況有改善,再找言語治療師重新評估。

言語治療在公立醫院為專職醫療服務，新症除了醫生轉介信外，也會按臨床情況，把患者列為：

- 緊急（第一優先類別）個案
- 半緊急（第二優先類別）個案
- 穩定（例行類別）個案

一般列為緊急及半緊急的病人，分別會在兩星期及八星期內就診，視乎輪候區域服務供應和輪候人數。

香港一些機構推出自負盈虧的服務，價錢可低至＄200起，不少可用長者社區照顧服務券；同時亦可選擇私人執業的言語治療師，例如多間大學的言語治療診所，首次評估約45分鐘，可能要過千元，但勝在不用輪候，彈性大，也可安排上門、或因應個人需要提供訓練服務。

大學的言語治療診所

　　這些診所是教學和研究診所，所以在求醫時，需要留意選擇由學生還是由註冊言語治療師提供診治。

香港中文大學言語治療專科診所

中大醫學院耳鼻咽喉 - 頭頸外科學系設有言語治療專科診所，提供的服務包括成人吞嚥功能評估及治療。

言語治療師

60 分鐘　　　　　　　　　　　$1,500

耳鼻咽喉 - 頭頸外科學系高級講師及教授

75 分鐘　　　　　　　　　　　$3,500

香港大學言語及聽覺診所

港大提供兩類型服務，分別是由具經驗的言語治療師提供診治服務的專家診所，以及由實習學生在臨床導師的督導下提供診斷和治療的學生診所。

專家診所（臨床導師）

30 分鐘評估 +10 分鐘總結	$1,200
30 分鐘個別治療 +10 分鐘總結	$1,200

學生診所（由臨床導師督導）

45 分鐘評估	$300
45 分鐘個別治療	$300

如能提供以下文件，可能會獲得正常費用的 90% 折扣：綜合社會保障援助（綜援）受助人醫療豁免證明書或高額傷殘津貼以及其他低收入證明文件

香港理工大學言語治療所

理大提供三類言語治療診所予公眾選擇，言語治療師會為有溝通及吞嚥障礙人士提供早期識別、專業評估及診斷服務，並制定治療方案和提供諮詢服務，另設小組言語治療。

導師診所（具五年或以上經驗的言語治療診所導師）

60 分鐘言語評估	$1,200
45 分鐘言語治療	$1,000

言語治療師診所

60 分鐘言語評估	$950
45 分鐘言語治療	$780

學生診所（由導師督導的實習學生）

60 分鐘言語評估	$320
45 分鐘言語治療	$320

香港教育大學整全成長發展中心

為言語、語言、溝通、讀寫、聽力及吞嚥障礙患者提供適切的評估及訓練，並提升家屬、照顧者、社福及教育機構對患者狀況及處理的認識。服務分為兩類，包括中心專業諮詢以及言語治療課程（包括評估及治療堂），個人治療課程每堂 50 分鐘。

專業認可言語治療師（十年或以上經驗）

50 分鐘評估	$1,200
五堂言語治療課程	$5,000

專業認可言語治療師（十年以下經驗）

50 分鐘評估	$800
五堂言語治療課程	$3,500

由導師督導的實習學生

50 分鐘評估	$330
十堂言語治療課程	$3,300

公立醫院專職醫療服務：言語治療師

符合資格人士：$80 / 非符合資格人士：$1,730

新界區醫院聯網

1. 雅麗氏何妙齡那打素醫院
2. 北區醫院
3. 威爾斯親王院
4. 博愛醫院
5. 天水圍醫院
6. 屯門醫院

港島區醫院聯網

1. 東區尤德夫人那打素醫院
2. 律敦治醫院
3. 瑪麗醫院

九龍區醫院聯網

1. 基督教聯合醫院
2. 將軍澳醫院
3. 九龍醫院
4. 廣華醫院
5. 伊利沙伯醫院
6. 明愛醫院
7. 瑪嘉烈醫院
8. 仁濟醫院
9. 北大嶼山醫院

社福機構：言語治療

流金匯日間護理中心

「賽馬會流金匯」腦退化症日間護理中心專
門為患有輕度認知障礙或腦退化症之社區
人士及其照顧者服務，提供專業護理照顧
和訓練，跨專業團隊包括有言語治療師。

約 50 分鐘 $731

基督教香港崇真會

社會服務部成立的「妥安心」是社會企業，
為剛出院或臥病在床的人士提供照顧服務，
協助康復，其中包括言語治療師評估服務。

每小時（在中心進行）	$300
每小時（到戶進行）	$900

香港復康會賽馬會樂齡互康園

香港復康會賽馬會樂齡互康園設有「認知障礙症復康計劃」，計劃內容包括言語治療，由言語治療師協助復康者提升語言能力及口腔進食能力，改善生活質素。

復康及護理需要評估 $700

一對一個別治療

30 分鐘	$450
60 分鐘	$800

照顧者大大聲：   影片：
專訪言語治療師 食得安全？

曾經找過的言語治療師及其建議

試過的方法和效果

疑問

如何跟進？

5 ｜ 買返來的「照護食」

「照護食」Care Food 是香港社福界起的名字，這些食物專為有咀嚼、吞嚥障礙人士而設。一般常見的食材，也可以透過各種處理方法，調整食物的軟硬度及黏稠度，按需要烹煮出：

碎餐 / 一口大小餐 / 較軟脆餐 / 濕軟及免治餐 / 糊餐 /「慕斯餐」(mousse food)

政府在 2020 年施政報告增撥 7,500 萬元資助安老服務單位為有吞嚥困難的長者提供軟餐，有經營院舍的機構，紛紛申請這筆錢開發或試用軟餐，也有機構計劃下一步供應給居家長者。

目前市面上可以買到的「照護食」，主要分兩種：即食產品，照顧者只需加熱；或者凝固粉、塑形粉等，讓照顧者自己烹調食材。

研發者：讓長者重新期待吃飯

　　為智障人士提供就業機會的 iBakery，烘焙食物有水準，負責人陳佩珊亦開始研發軟餐：「我一想到自己老了也有機會吃，就想弄得好味一點！」

　　最先她到院舍試吃「糊餐」：「當日吃了上海粗炒糊餐，顏色外觀已經不吸引，放進口也只吃到醬油味，當刻我好明白為何長者會不想吃飯。」於是她很落力鑽研軟餐的味道，希望讓需要吃軟餐的長者，可以重新期待吃飯，然而現實要考慮更多廚房實際運作的挑戰。

　　「原來增稠劑對溫度很敏感，凍些會變硬、太熱又會令食物融化，所以要不斷試，試到連自己都覺得好食又符合國際吞嚥障礙飲食標準。」她和團

隊花了很多心力，希望可以大量生產的同時，能夠注重味道、溫度、質感和營養。

2021 年 3 月團隊研發的「CookEasy 精緻軟餐」正式在院舍推出，反應不錯。「院舍同事話本身什麼都不吃的院友，而家會食晒！」陳佩珊覺得很有滿足感，希望留在家裡的長者也可以買來吃。

目前香港的軟餐產品主要引入日本的即食產品，是常溫的，味道未必貼近香港人，她希望可以再進一步設計出香港家常口味的軟餐款式，並且用家裡一般蒸爐也可翻熱。

照顧者：自己煮加藥膳

　　照顧者 Eva 特地去長者地區中心參加軟餐工作坊。她的媽媽和家公都有認知障礙症和吞嚥困難，近日媽媽連吃粥也會吐出來，家公又不太喜歡糊餐，Eva 於是想自己學煮軟餐。

　　工作坊教用成份是酵素的「軟化粉」，先把食材浸過夜，第二天像平時煮食，就是軟餐。另一個方法是「塑形粉」。「我把打成糊的雞肉煮熟後，加粉倒模成形，好靚仔！我刻意放雪櫃，夜晚才翻熱食，比我想像中好味，有鮮雞味但口感似食豆腐！」Eva 很興奮，馬上把煮了的青瓜雞肉相片傳去照顧者群組。

　　她偶然也會買即食軟餐產品，有時間就會自己煮：「即食軟餐確實很方便，而且款式多，不過自己煮也沒有想像般困難，而且可以決定選用什麼食材。」

　　Eva 尤其希望可以按媽媽和家公的身體情況，加入淮山、蓮子、百合等有藥用價值的食材：「可加滴雞精、果皮和淮山粉入食材內，好似能幫他們調理脾胃和理氣化痰。」

社聯照護食

　　由社聯「照護食專責小組」設立的
「照護食」網站，提供吞嚥困難資訊、
照護食類型及相關食譜。其「照護食
指南」詳細羅列以下四類照護食品資
訊，方便照顧者一覽產品的適用對象、
保存方法、價錢及購買途徑。

* 價錢截至 2022 年 8 月

1. 預先包裝照護食品

常溫或急凍食品	
簡介	即開即食，或按個人口味加熱食用。有主食、粥品、小菜、全餐、水果果泥，也有甜品如慕斯、布甸。大部份產品列明軟硬等級，讓顧客按吞嚥能力選購。 以日本品牌及香港品牌為主，較知名品牌包括來自日本的 Kewpie 及 Maruha Nichiro，口味偏和風，如雞肉南瓜煮、壽喜燒燉牛肉。 本地品牌則有幸福元氣、Deli-Care 健營等，菜式主打港式口味，如燒味便當、點心、月餅、鹹肉糭。
價錢範圍	一餐份量：主食 $18-40 / 小菜 $20-$80 / 全餐 $50-$90 亦可選購大包裝，方便多次食用

預先增稠飲品	
簡介	以 Flavour Creations 、Forica 及幸福元氣三個品牌為主，多為增稠飲料及功能營養果汁，即開即飲，毋須再使用凝固粉增稠，讓吞嚥困難人士更易補充營養。 味道多樣化，如香蕉、綠茶、蘋果味等。其中澳洲品牌 Flavour Creations 產品最多，共有十款口味，每款設有三種稠度。
價錢範圍	\$15-\$50 / 250 毫升（標準紙包飲品份量）

煮食材料	
簡介	各款醬汁、食油、麵粉、羅漢果糖等。
價錢範圍	視乎產品而定

2. 吞嚥困難輔助食品

常溫或急凍食品	
簡介	凝固粉、增稠粉及食材軟化粉,可改變食物的軟硬度及黏稠度,讓吞嚥困難人士更安全地進食,亦有助塑造食物外觀,吸引進食。
價錢範圍	$45-$180 / 100 克

營養補充品	
簡介	以營養奶及營養粉為主,可補充蛋白質、熱量等。
價錢範圍	營養飲品:$30-$50 / 250 毫升 (標準紙包飲品份量) 營養粉:$25-$50 / 100 克

3. 熱食及到會服務

常溫食品	
簡介	毋須自行烹調,由供應商送上門,特別適合節慶或聚餐場合。 　有不同本地品牌選擇,食品包括盆菜、便當、糕點、小菜、月餅等,部份供應商提供度身訂製服務。
價錢範圍	全餐 \$60-\$300 / 小菜 \$10-\$220 部份品牌設最低訂貨量,並提供客製化報價,宜個別查詢。

4. 吞嚥輔助食具及口腔清潔用品

輔助食具	
簡介	輔助吞嚥障礙人士安全用餐，有助加強用家的自行用餐能力。 　　產品包括隔水匙羹、安全飲管、防滑餐碗、易握彎曲叉、飲水輔助杯、餵食壺等。
價錢範圍	$25-$350 / 件

軟餐模具	
簡介	改善軟餐外觀，吸引長者進食，亦可為認知障礙症人士提供視覺刺激。 　　模具形狀共有逾 40 款，例如魚型、雞腿型、燒肉型、丸型、蔬菜型。
價錢範圍	$80-$300 / 件

軟餐製作機	
簡介	由香港品牌幸福元氣推出,可一機過攪拌、加熱、烹調照護食品。機內設有多款預先設定製作程序,用家只需按鍵,便可製作特定吞嚥程度的餐膳。
價錢範圍	$800

口腔清潔用品	
簡介	清理口腔內的食物殘渣及污物,減少細菌感染。 　　產品包括口腔滋潤噴霧、口腔清潔濕紙巾、洗口棒等。
價錢範圍	$90-$200 / 盒

新手照顧者準備飯菜時，或許都有一個疑問：要將食物煮至什麼程度才是安全、適合病人食？

社聯與香港中文大學食品研究中心及香港大學教育學院吞嚥研究所，制訂出本地化的照護食標準指引。指引因應各種國際照護食標準，制訂出標準級別對照表，方便照顧者選購相關食品。同時附有「適用者生理狀況」，照顧者可根據患者的狀況，判斷不同的照護食是否適合食用。這個標準還包括食物狀態描述、測試方案及烹調範例。

曾經試過的產品

被照顧者的反應

心得

疑問

6 ｜ 十個好味軟餐食譜

為了讓長者肯食多一點點，照顧者出盡剪刀、攪拌機……然而弄了大半天，長者仍然不太想吃。

甜蜜故事 Sweet Stories 創辦人 Amy Cheng 很明白長者尤其是病人的需要，多年來一直精心設計不同的食譜，並且舉辦「長者飯堂」，專門為獨居長者、吞嚥困難以及臨終的病人煮出盛宴，讓他們與親友一起好好吃飯。

1. 燒鵝燴小米

「我要食燒鵝！」Amy 每次問長者想吃什麼時，往往會得到這答案，還指明一定要左髀！長者喜歡它入口啖啖肉，還有陣油香。只是隨著年紀大，牙骹無力，他們已經很久很久沒有吃過。

「獨居的李婆婆好喜歡食燒鵝。」 Amy 說。

李婆婆今年 70 歲，是癌症康復者。「她很擔心癌症復發，加上有高血壓、高膽固醇，所以時常覺得自己身體狀況愈來愈差。」雖然有子女，但甚少聯絡，朋友也不多，時常都是一個人吃飯。慶幸婆婆的生活態度很積極，四處學習不同的飲食養生方法，也知道生機飲食（raw food）。然而她對飲食要求有時太過嚴格，忽略了營養。「她煮食連油也不用，有時更是一餐只飲用二至三湯匙麥皮沖的

開水，致血糖過低，試過在街上暈倒。」

　　Amy 於是設計燒鵝燴小米這菜式：用燒鵝骨煮成湯，咬不開肉，也品嚐到燒鵝的精華；而小米比白米更易消化和吸收，也容易烹調。一次煮幾餐份量，放雪櫃隨時翻熱吃，一個人也可吃得有滋有味。李婆婆一見就驚喜地「哇！」一聲。

食譜及烹調方法
大人滋味：燒鵝燴小米

影片：

2. 蠔味雞蓉豆腐

小燕婆婆第一次見 Amy 就說：「什麼也不能吃，人生還有什麼樂趣？」婆婆的確身輕如燕，個子不過五呎，一年四季都穿著厚衣包裹著瘦弱身軀，加上枯乾面容，誰猜到她只有六十多歲。

小燕婆婆百病纏身，Amy 說：「糖尿病、腎病和痛風，已經需要戒口，所以她吃得非常清淡。七年前還有鼻咽癌，手術後吞嚥能力很差，吃一口白飯都很困難，這些年都沒有再吃飯。最近她還因為心臟問題，連飲水也不能超過五百毫升。」

為了易吞嚥，婆婆每天只吃白焓通粉或烏冬，連湯和配料都沒有。難怪小燕婆婆經常說：「人生真的很苦悶。」

她最懷念海鮮的鮮味，最想吃蠔，可是 Amy 想到海鮮是痛風大忌，家常食材如豆腐也不能亂吃，加上婆婆有不同病歷，設計菜式時問過營養師：「是不是引致痛風的食物都不能吃？」營養師說不是絕對，最重要是份量，淺嚐也是可以的。

　　Amy 炮製的蠔味雞蓉豆腐，先用昆布和蠔煮出海鮮味的高湯，再加入雞肉和蛋白做成豆腐。海鮮的味道和豆腐的口感，都是婆婆非常想念的。

食譜及烹調方法　　　　　　　　影片：
大人滋味：蠔味雞蓉豆腐

3.素東坡肉

Amy 第一次試做素豬肉，覺得外型像真，拍下照片作紀錄，婆婆一看到，已立即嚷著說：「為什麼不拿給我吃？」

婆婆患有柏金遜症，有輕微的吞嚥困難。牙齒已掉了不少，卻不喜歡用假牙，仍享受咀嚼食物的感覺，能夠吃柔軟滑溜的食物如鳳爪。

以往過時過節，婆婆都喜歡親自下廚，準備糕點和家鄉菜給一家上下。她最愛吃燜煮菜式，尤其是燜得入口即化的肥豬肉，醬汁好送飯，味道又夠香，一家大小也吃得高興。可是她今年已經 90 歲，很少再做菜，加上怕油膩，已很少吃肥豬肉。

近年 Amy 研究長者食譜，留意到很多長者喜歡吃肥豬肉，卻因為「三高」問題吃不得。於是嘗

試用健康食材製作素豬肉，希望能做出與真豬肉相似的味道和質感，讓患病長者可以重拾肥豬肉的味道。

她用日本的車輪麵麩代替豬肉，成份以小麥粉和麵粉為主，燜煮後質感軟滑像肥膏。做好後她也很驚喜，不論外觀和口感也很滿意：「很像真！一定要做給婆婆吃！」

食譜及烹調方法
大人滋味：素東坡肉

影片：

4.川味酸菜魚

「啥子都無嗲！」有次在長者飯堂，Amy 聽到熟悉的口音，是她以前到四川工作時常常聽到的。

細問原來是一位祖籍四川的婆婆，來港多年一直都不會說廣東話。每次有人問婆婆什麼，她都會回答「啥子都無嗲」，即是「什麼都沒有」的意思。婆婆擁有的真的不多，因為言語不通，她甚少跟人接觸，朋友不多。61 歲的她獨居，癌症已到末期。

婆婆平日主要喝營養奶、吃麥皮維生，食而無味，最懷念又酸又辣的酸菜魚。遇見婆婆後，Amy 決定要為她做這道菜，讓婆婆嚐到家鄉味：「酸菜魚用的香料、材料，又酸又辣，對長者來說確是太刺激，應盡量避免。但也要看體質口味，有些長者

無辣不歡，歸根究柢是想令他們有胃口，多吃一點，身體才會好。」

　　她把菜式變成香而不辣的版本，當四川婆婆聞到香料的味道，已一臉滿足，一邊吃一邊用四川話跟 Amy 聊天。Amy 坦言聽得不太懂，肯定聽懂的是：「像吃到家鄉的味道。」

食譜及烹調方法　　　　　　　　影片：
大人滋味：川味酸菜魚

5. 素三文魚他他

　　婆婆有次只是吃了兩小口豆苗，就入醫院了。她鼻咽癌曾兩度復發，經歷六次大手術、三次通波仔，連醫生也不敢再為她開刀。患病令她的吞嚥能力減退，食物調味也不可以太濃。

　　Amy 設計食譜前曾探望婆婆：「婆婆的咀嚼能力比一般癌症病人好，但除了癌症，還有很多長期病纏身，很多東西都不能吃，每天只敢吃瓜菜，調味料亦不可多放，很清淡。」

　　患病前，婆婆最愛三文魚刺身，生病後她很想吃，但不能再吃生冷食物。有廚師專門為她做過一道三文魚菜式，雖然婆婆很喜歡，但總覺得比不上刺身的鮮味。於是 Amy 向一位素食廚師取經，

以牛油果模仿三文魚的味道及質感，做了這道素三文魚他他。

　　牛油果配合蔬菜做成他他，色彩鮮艷吸引，再切幾片牛油果作伴碟，材料和做法簡單，有營養又容易吞嚥。點上魚生豉油及日式芥辣，味道好像！

食譜及烹調方法
大人滋味：素三文魚他他

影片：

6. 海鮮冬蓉羹

每次做冬蓉羹，Amy 總會想起饞嘴的嫲嫲：「她已離世十多年，跟我們住過一段日子，吃到喜歡的食物會好開心。冬瓜容易吞嚥，是她喜歡的食物。」

冬蓉羹是 Amy 一家夏天必定會做的菜色：「從小開始，每到夏天冬瓜當造，家人都會煮。嫲嫲也很喜歡做這道菜，開胃又消暑。」嫲嫲著重過節時一家人同桌吃飯，可是年紀漸大，牙齒不好，又有三高的問題，家人為了照顧她，只好為她煮清淡的飯菜，更會事先將食物切碎。Amy 漸漸發現嫲嫲臉上的笑容少了：「每次也分開處理嫲嫲的食物，她覺得只是受人照顧，失去了過節開心分享食物的感覺。」

想到嫲嫲當年的感受，Amy 覺得要為長者設計便於咀嚼吞嚥，又能一家分享的菜式。海鮮冬蓉羹以魚湯作基調，味道清甜不油膩，任何年紀也喜歡：「其實只要將傳統食物稍稍改動，配合吞嚥狀況，就可以讓長輩嚐到回憶的味道，一家也吃得高興。」

食譜及烹調方法
大人滋味：海鮮冬蓉羹

影片：

7. 紅菜頭豆漿布甸

　　大廚端上最後一道菜——紅菜頭豆漿布甸，參加這次長者飯局的伯伯立即說：「有牛奶，而且是甜食，不能吃啊。」

　　其實這經改良的布甸，正正為他而設。伯伯剛完成癌症療程，義工事先詢問他的喜好、吞嚥狀況和病況，按需要設計餐單。伯伯沒想到要吃甜品，原來他很少外出吃飯，太太在家多是煮簡單飯菜。伯伯唯一喜歡而會接觸的「甜食」只有豆漿。

　　義工於是先排除伯伯不能吃的——伯伯患有糖尿病，中式甜品大多過甜，不考慮；有乳糖不耐症，對牛奶敏感，不能用；加上完成癌症治療後，咀嚼力較弱，質感以柔軟為佳。廚師靈機一觸，用豆漿做軟滑的布甸，更加入含抗氧化功效的紅菜頭。

伯伯知道布甸沒有放牛奶，而且已按情況調節甜度，立即開心地把甜品往嘴裡送：「從沒想過自己可以吃甜品！」

食譜及烹調方法
大人滋味：紅菜頭豆漿布甸

影片：

8.端午特製：素米糭

陳伯中風後有輕度的吞嚥困難，仍能吃碎餐和柔軟食物。回家後，子女沒能力每天做飯，只好訂購軟餐，每天半小時不到就可以為爸爸預備飯菜，又不需擔心營養。

然而，農曆新年時，家人發現伯伯幾乎所有賀年食品都不可以吃，失去了進食的樂趣，自此以後，大時大節都提不起勁慶祝。子女見他悶悶不樂，臨近端午節，想他可以一起過節吃糭。

Amy 幫忙為伯伯製作健康糭子，因應吞嚥情況，把傳統鹹肉糭的「高危」材料換上素食食材：黏口的糯米換成煮出來較柔軟、健脾胃的粳米；

高脂的肥豬肉換成麵麩做的素肉；鹹蛋黃則以南瓜代替；並加入蓮子和栗子增強口感。

做出來的糉子較易咀嚼，三高患者也可以吃。

食譜及烹調方法
大人滋味：端午素米糉

影片：

9. 中秋共享：紫薯山芋月餅

獨居的焦婆婆一直對抗頑疾，先是心臟病和三高，後來患咽喉癌，動過手術，吞不到硬的食物。近年則有腎衰竭，經診斷後，發現身體已不勝負荷，醫生於是建議終止治療。與不少長者一樣，焦婆婆需要控制飲食，特別要限制鹽、糖、加工食物的攝取。

中秋將至時，婆婆想起已很久沒吃月餅應節了。因為傳統月餅中的蓮蓉、鹹蛋黃、酥皮，婆婆通通都不能吃。

義工們想在佳節為婆婆送上心意，讓她吃健康的月餅，開心過節。

Amy 回想，以往中秋節跟義工一起四出派月餅時，大部份長者都不願收下，「曾經試過預備紅豆、奶黃、蓮蓉等口味的月餅，但即使他們很想吃，

卻因為糖尿病不可以吃。」家人也反映,即使想在家做健康月餅給長者,因家中沒焗爐,很難做到。

　　經驗促使 Amy 製作這款新派月餅,做法容易,蒸煮為主,不用焗爐,工具也不需太多,加上材料簡單,可以隨時做。而紫薯的纖維高,山芋則適合患有糖尿病的朋友進食。以月餅模壓成形後,色彩鮮艷,長者看見也開心。

食譜及烹調方法
大人滋味:紫薯山芋月餅

影片:

10. 新年最愛:梳乎厘年糕

　　Amy 說不少長者怕吞嚥,時常都只吃軟腍、不用咀嚼的食物,或會令口腔肌肉愈來愈弱;對進食興趣大減,於是變成營養不良;身體轉弱,走路更易跌倒;漸漸連外出、社交的興趣都失去。吃,豈止是人生樂趣?

　　像過新年必吃的年糕,由於質感黐牙、黏喉,和湯圓一樣,對長者或吞嚥有困難的人,可以是高危食物。日本每年都有長者因未經細嚼而吞食,氣管及食道被封住而致死。

　　黐牙、黏喉,跟糯米粉形成的質感有關。Amy 相信改變食材、改變質感,就算吞嚥有困難的朋友,也可以享受節日的美味,分享節日的喜悅。

食譜及烹調方法
大銀廚房：梳乎厘年糕

影片：

7 | 晚期人手餵定插鼻胃喉？

「到底插唔插喉？」這是耆智園護理部主管李珮綿最常遇到的查詢。她解釋：「選擇喉管餵食，很多時都是在照顧晚期或緊急階段，如幾天都不吃東西，脫水無營養，電解質失衡，病痛都會出現。」

香港 2009 年的研究估計，護老院內超過三份一晚期認知障礙病人被插入管道餵飼，而拉扯插管的病人，往往會被綁起來。香港認知障礙症人士插喉和約束的比例，都遠遠比歐美國家多——但這是否可以選擇？

管道餵飼 VS 紓緩餵食

管道餵飼

最常見是「鼻胃喉」：鼻胃喉是一條幼膠喉管，由鼻腔經過食道，進入胃部；然後透過鼻胃喉把營養奶輸送至胃內，為患者提供營養。

考慮因素	提供充足的營養
	確保得到適時的藥物治療
	避免因為吞嚥困難而造成哽塞

有可能導致的不良情況	需要定期更換，過程不舒服
	因不適而拉扯，於是被約束身體
	影響外觀及社交生活

由鼻子插進去，經過喉嚨、食道，進到胃部。飼管本身有粗有幼，幼身的感覺較舒服，較適合長期使用，但因為較易閉塞，在香港會選用較粗的飼管。

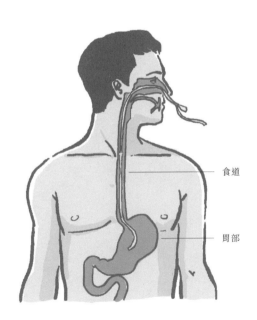

食道

胃部

紓緩餵食

醫院管理局 2020 年的《對維持末期病人生命治療的指引》附件列出「人手小心餵食」的定義：

- 照顧者以人手小心為病人餵食所需的技巧包括：不時提醒病人吞嚥、每口食物讓病人吞嚥數次、每次吞嚥後清清喉嚨、每口食物少於一茶匙份量，以及適當使用凝固粉。

- 照顧者應留意病人非言語的提示，如示意已吞嚥可繼續進食，或出現哽塞，或食物積聚於口腔內。

- 照顧者為長者進行人手餵食時，應全程專注於餵食過程，切勿分心。

- 病人進餐時，應保持其身體坐直，以減低哽塞及吸入風險。

- 對於一些口腔乾涸的病人，在食物中加水或加汁使其濕潤，或將食物與適當稀稠度的流質交替餵食均有助吞嚥。

考慮因素	尊重患者的意願
	希望有較舒適的晚年，確保生活質素
	避免插鼻胃喉的不適和身體約束
	比鼻胃喉餵飼較為經濟

有可能導致的不良情況	有可能因為營養不良，導致器官轉差
	可能會因吞嚥困難而造成哽塞，甚至死亡

資料來源：醫管局《嚥能選擇》、《對維持末期病人生命治療的指引》

點樣做決定？

認知障礙症到了晚期沒法逆轉，人手餵定插鼻胃喉？最重要是認知障礙症人士本身的意願，生命要活得長，還是活得好？顧及家人不捨情緒，還是最緊要有尊嚴？每個人都有不同的價值觀和家庭關係。

然而香港目前仍然很少機會讓認知障礙症人士作決定，選擇的重擔就落在照顧者身上，而醫護人員的意見往往比患者意願更重要。

很多照顧者誤會，香港醫院一定不會容許病人「餓死」，然而香港病人一向有權拒絕治療，插鼻胃喉是入侵性的維生治療，病人是有權拒絕的。

醫院管理局 2020 年的《對維持末期病人生命治療的指引》，特別有附件三撰寫「從倫理角度有

關晚期認知障礙病人餵養的討論」。醫管局並沒有要求病人一定要插鼻胃喉:「在某些情況,經考慮不同餵養選擇的好處和負擔後,儘管病人有吞嚥困難,以人手小心餵食在倫理上可予接受。」

指引肯定病人的感受:「口腔或管道餵飼的重要分別,是口腔餵飼可讓病人從進食及社交獲得愉快感覺;相反,以餵食管輸給食物及水份,不能讓病人獲得愉快感覺。」

指引並且澄清一些醫護人員的誤會:「晚期認知障礙症人士接受管道餵飼未能有效防止吸入性肺炎、延長存活期、提升生活質素、功能或營養狀況,或減少感染和壓瘡。此外,管道餵飼亦會引致併發症,而增加使用約束會對病人生活質素有不良影響。」

在實際運作,指引形容「醫護常處於兩難」:

「對於晚期認知障礙病人，應採用紓緩照顧方式」，
但接著一句就是：「其他環境因素有時亦為重要，
例如由於人手小心餵食須一對一進行，過程費時，
當實際情況不容許，可以選擇管道餵飼。」

討論文件第三段，解釋決定過程五個重點：

1. 要有共識

醫護團隊成員與病人家人應根據病人的最佳利
益謀求共識，同時考慮病人任何事先表達的意願和
意向。所謂「病人的最佳利益」是包括病人本身的
意願，並非單純是醫學決定。

2. 不同專業評估

建議由不同專業組成的醫療小組，包括醫生、
護士、言語治療師，為病人作出評估，並與病人及

其家人溝通，述明病人的特徵，包括痛苦程度、併發呼吸道疾病、吞嚥功能、活動能力、吸入風險、營養失調及整體預後評估，並找出厭食、體重下降及吞嚥困難的「可逆原因」，例如因為間發性感染、環境改變等，並作出治療。

3. 提供選擇

醫護人員應提供管道餵飼以外的選擇，並詳細解釋短期及長期的影響，亦應考慮促進口腔餵食及減低風險的措施。

4. 明白風險

醫療團隊及病人家人必須明白，即使以人手小心餵食，病人仍有吸入風險，住院時及出院後，由於病人情況及照顧環境不同，餵食方式亦會不同。

因此在作出決定時，須仔細衡量不同選擇的風險和
好處，針對個別情況作出考慮。

5. 不斷檢討

當施行管道餵食，應定時評估病人的吞嚥能
力，以及營養和流體是否足夠。在一些個案，醫護
人員會為病人試行「有時限」的管道餵食，在插入
管道前訂明治療目的，例如體重增加；以及終結點，
例如病人無法忍受管道餵食。

醫護人員應定時檢視應否繼續施行管道餵飼，
並記錄作出決定的過程和理據。

國際趨勢：人手餵

美國

老人科學會大力提倡採用人手小心餵食，以取代為吞嚥困難的晚期認知障礙病人施行管道餵飼。學會建議致力促進口腔餵食，例如對環境作出調適，及引入病人為本的餵食方式，包括改良餐單、口腔衞生、姿勢、復康及教育照顧者。醫院及院舍職員應為病人提供選擇，並尊重病人任何事先表達的意願，不應強行要求或向病人或其家人施壓而採用管道餵飼。

英國

多個醫療團體提倡跨專業參與為每名病人制訂「個人化照顧計劃」。為照顧者提供足夠的預後資訊，尤其當病人未有作出預設醫療指示，有助他們

就管道餵飼作出知情決定。若嘗試了所有方法促進口腔餵食但不成功，便可能須使用管道餵飼，但須定時檢視，如出現併發症則應撤去。

根據英國國家健康與臨床卓越機構（NICE）的指引，不應為嚴重認知障礙症病人一概施行人工餵養。對這些已處於疾病晚期的病人，應著重給予病人舒適感和生活質素，而不只是著重吸入風險。

澳洲及新西蘭

澳紐老人醫學會認為管道餵飼能有效讓病況停止惡化，例如為中風的吞嚥困難病人提供臨時營養補充，但對於病況持續惡化的吞嚥困難及有吸入風險的病人，例如晚期認知障礙，效果則成疑。

資料來源：醫管局「從倫理角度有關晚期認知障礙病人餵養的討論」

寧願做飽鬼？

耆智園總監郭志銳指出：「『吞嚥困難』是我們評估出來的，以前病人能吃就吃，沒有這樣普遍地插喉。」

他解釋大約十幾年前英國有研究指出，中風病人很多死於肺炎，以管道餵飼可以減低死亡率，自此所有中風病人都會做吞嚥能力評估，分數低就會插管；後來英國又有研究指出，管道餵飼即使能減低死亡率，卻增加了嚴重傷殘的風險：「即是『吊命』！所以英國就開始減少管道餵飼，現在英國中風病人也不會這樣插喉。可是香港似乎並不介意嚴重傷殘，我們覺得生活質素再差，依然是活著。」

中風病人有機會康復，管道餵飼可以是暫時的，而晚期認知障礙症吞嚥能力衰退並不能逆轉，英美澳紐等地都已經不建議使用。可是在香港有重要的文化原因：人們不願病人「捱餓」。

郭志銳每次都會向家人解釋，管道餵飼是有代價的：如果插鼻胃喉，可能就要把病人綁起來，有些家人不想綁就不插，但也有一些仍然堅持。「家人的想法是『餓』很辛苦，就算過身都要做『飽鬼』。」他說：「其實到了晚期認知障礙症，病人已經沒有餓的意識，若然肚餓，自然會食，為什麼整天餵他都不吃，就是因為他不覺得餓，病人可能沒有家人想像的辛苦。」

STORY
Gabe：插喉三年

Gabe 的媽媽患上認知障礙症後，逐漸由碎餐變糊餐，有天突然很多痰咳不到出來，亦吃不到糊餐，送入進急症室才知道患上肺炎。當時言語治療師說媽媽的吞嚥能力有問題，以後只能用鼻胃喉進食。

Gabe 當時沒想過可以拒絕，媽媽似乎也不抗拒：「她沒有像其他病人一樣扯甩自己的鼻胃喉，可能她已經習慣靠營養奶帶來飽肚的感覺？」

最初不熟悉用鼻胃喉，Gabe 和家傭手忙腳亂，要時常監察媽媽的胃液，一發現出現深啡色就要入急症室。這種情況至少持續了半年，後來醫生開胃潰瘍的藥，情況才變得穩定。

媽媽插鼻胃喉三年，Gabe 變得很熟手。「其實是在胃開了洞，再插上喉，所以平常喉管要夾好，不能進空氣。」Gabe 解釋每次用鼻胃喉餵食前，都需要抽取胃液驗酸鹼度。營養奶也不能從雪櫃取出就用，要先用溫水坐暖。放奶前要先放水，分三次來放，因為水份吸收會影響排便。「單是飲水量的問題，我也跟媽媽做了不同的試驗和紀錄，連便便的硬度也要留意。」

　　喉管和奶袋也影響流奶速度和數量，前者需要每月更換，並由社康護士上門處理；後者更是每日用完即棄。

STORY
Eva：餵足兩小時

「只要哥哥願意吃，我盡量讓他自己拿著湯匙，吃多久也沒關係。」Eva 的哥哥患上路易氏體認知障礙症，退化速度快，兩三年間只剩下一隻手可活動，勉強能吃糊餐。後來住進醫院療養科，哥哥緊閉嘴巴，怎麼也不肯吃。職員花盡心思，怎知道哥哥原來揀人：「職員說只要我來，聽到我的聲音，哥哥才肯睜開眼，也願意吃東西。」

哥哥性格獨來獨往，Eva 坦言兄妹間感情不算非常親厚，也奇怪哥哥怎麼只願意讓她餵食。但這成了她的安慰，即使隔天由新界西到港島西去探望，她也不言累：「餵他吃，好像自己幫到他。」

最初她拿起湯匙慢慢餵，哥哥可以把醫院準備的糊餐：一碗飯加一碗肉或菜都吃光，還把她帶去的湯喝光。「後來哥哥吃得愈來愈慢，甚至吃到半途會咳，他吞嚥有困難了。護士教我當下要立即暫停餵食，也不要猛灌水，讓他慢慢回復。」

後來她轉用小茶匙來餵食，速度也放得更慢。但她仍然讓哥哥用幼的飲筒喝湯喝飲料，希望他仍可保持吸啜的動作。寧願慢慢等，讓他自己決定吃多少，試過餵足兩小時。「最後階段連針筒都出動了，湯、水都要加凝固粉，而且要逐少加，否則很易變稀。」用針筒從嘴角慢慢把食物擠進去，除了吃得很慢，流出來也很多。

Eva 知道哥哥吃進去的真的不多，坦言照顧者最難過的事，莫過於看著被照顧者的情況一級一級地轉差。哥哥離世前一天，吃光所有她餵的食物，還用飲筒喝了一包營養奶。Eva 說：「這對我來說是很大的安慰。」

不同方案的照顧技巧

醫管局：

鼻胃喉餵食技巧

耆智園：

進食及吞嚥錦囊

衞生署：

協助有吞嚥及手部活動困難長者從口腔進食

港島東健康資源網：

晚期疾病患者之舒適餵食方案

博愛醫院：

紓緩餵食技巧

8 │ 照顧者的艱難選擇

耆智園就管道餵飼訪問了多位病人家屬，最常聽見的回答是：「順其自然吧，今日不知明天事，見步行步。」不少家人都表示會盡力讓病人進食，直至沒辦法時再想。

對於插喉，大多數人擔憂的是患者的不適、痛苦，伴隨是另一個照顧者的難題，綁唔綁手？他們害怕的，還有處理不當可能會有細菌感染，甚或致命。

以下幾位照顧者，有人選擇不插，有人選擇插喉，不論哪種決定也是難題，當中充滿愛和付出。

STORY
插，一級樓梯都留住！

Cindy 的媽媽患有認知障礙症十年，最後一年半都是插入鼻胃喉管道餵飼。

2015 年媽媽的食量開始減少，吃得好慢。七月肺炎，入醫院後沒法進食，醫生建議插入鼻胃喉。

「那時好大掙扎！整天在想：插了會否以後不能自己進食？不插會否 pass away？連醫生也不知道。」

Cindy 周圍問：丈夫本身決定什麼都不插，但對她媽媽就不表示意見；兒子是醫學工程師，試藥時也試過插鼻胃喉，覺得不是壞事；姐姐支持插，認為要給媽媽一個機會；親戚試過替長者插喉，說

之後變得肥肥白白……Cindy 最後決定管道餵飼，醫院替媽媽戴上手套防止拔掉導管。

出院後，Cindy 把媽媽接回家，每個月都有社康護士來替媽媽換鼻胃喉：「護士手勢好，換喉就不痛苦，手勢不好，媽媽會皺眉頭。」外傭也學懂灌食步驟：先抽胃液，滴下酸鹼試紙確保導管是插入胃部；再打空氣，用聽筒聽胃部會否有「噗」一聲，確保導管沒太貼胃壁，然後再灌奶，一日五次。

媽媽看來並不抗拒插鼻胃喉，沒有拔掉，也就不用被綁手；夜裡 Cindy 怕媽媽會「抹鼻」，會為她戴手套。「其實她的手，也做不了什麼動作。」Cindy 覺得這不算很大的約束。

Cindy 想媽媽繼續去日間護理中心做運動、有社交活動，但媽媽在新的居住地區不斷被拒絕。「我問了好多間，都說插了鼻胃喉就不收，因為沒

有護理人手!」Cindy 很生氣:「如果晚期就是要插喉,那為什麼日間中心不準備護理人手?難道我一定要把媽媽送入老人院,才可以像在日間中心般有活動?如果不活動,媽媽很快就會肌肉萎縮要長期臥床。」

最後媽媽天天坐車回到先前的日間中心。「那些員工好疼媽媽!有一次做運動,媽媽竟然可以接到球,全場都好開心,媽媽也流下眼淚。」Cindy 強調媽媽插著鼻胃喉,依然是有生活的:「有次醫生開精神科的藥,媽媽反應好好,竟然可以翻書,還讀出聲來。媽媽以前是教書的,寫得一手好字。」

插喉後的一年半,媽媽再有五次肺炎,不斷被送進醫院。「她一有肺炎就會閉起眼睛,在急症醫院一兩個星期、復康醫院兩三個星期,出院了,外傭就會訓練她坐起來,可以坐車去日間中心。」

Cindy 很努力在進出醫院期間，保持媽媽的生活。

「心理要調整，每次進院都會跌一級，但就像樓梯，我好努力把她留在那一級，有咁耐得咁耐。每一梯級上的生活，都可以是精彩的。」

Cindy 說有一次出院，全部親戚都來了一起吃飯，媽媽也轉動頭部，看來亦享受和大家在一起，第二天她再次入醫院：「可是你能說這一餐飯沒意義嗎？媽媽可以和大家在一起，這短暫的一天不重要嗎？」

Cindy 坦言自己害怕死亡：「有時也想，為什麼我不是一個石頭？一棵樹？那就不用難過。如果人出生就是步向死亡，這幾十年不也很可怕？那為什麼我仍然要活著？既然都是過程，媽媽為什麼不可以有這插喉的一年半？」

「媽媽始終會『落樓梯』，但每級樓梯上的時

間，再短暫都可以精彩。她可能只是有一點反應，但這反應就像太空人在月球上的一小步，對人類是好大成就，對媽媽本人，已經是很多人包括她自己的努力和堅持。」

2017 年 1 月，媽媽第六次肺炎入院後離世。

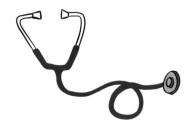

STORY
唔插，自己都唔想咁！

　　梁小姐的媽媽 2016 年 12 月過身，女兒堅持最後都不讓媽媽用管道餵飼。

　　「媽媽一直發燒，十幾天也不肯吃，我們用人手餵，半小時才肯吃進一小口，卻不吞。我們怕食物會哽到，又用半小時去挖出來，兩個小時才勉強吃了幾口。」但梁小姐拒絕醫護人員插鼻胃喉灌奶：「一定不要，插了就不能自己吃，那還有什麼生活質素？我自己也不會想這樣，上面插（灌奶），下面又插（排尿），那是怎樣的生活？」

媽媽入院兩個星期都沒進食，只有「吊鹽水」補充水份，但去世時可能因為發燒，臉色紅潤還是「漲卜卜」的。「就算最後她走時營養不良，我也是可以理解和接受的。」梁小姐說。

STORY
唔知，痛苦的回憶……

陳先生記得嫲嫲跟他說的最後一句說話：「點解唔畀我死？」一向溫柔的嫲嫲，最後竟說出這句狠話，因為她被插上鼻胃喉。

嫲嫲當時已屆 99 歲高齡，一班子女早有心理準備，並開了家庭會議，說好在最後關頭也不急救，讓嫲嫲舒服地離去。2019 年春天，嫲嫲開始睡覺時間愈來愈長，身體也開始出現衰竭的狀態。最後因為心臟衰竭被送到醫院，大家已經作了最壞的打算。「吊鹽水」也插了尿喉，嫲嫲在醫院睡了超過一星期。

初時嫲嫲還會起來喝粥喝湯，吃大家帶來的水果。後來只在大家為她抹身時醒來，但清醒的時間愈來愈短，也沒有起來吃東西。大家開始擔心她營養不良，甚至有人直言：「不想她餓死。」

　　醫生說可以用管道餵飼，子女們考慮了一天，決定讓嫲嫲插上鼻胃喉。插喉了，嫲嫲立即清醒過來，扯掉喉管。到了再插喉管的時候，嫲嫲已被套上手套和綁帶。營養奶從喉管進入胃部，嫲嫲多了營養，清醒的時間多了但通常用來反抗和掙扎。

　　陳先生幫忙安撫，聽到嫲嫲說激動的狠話「點解唔畀我死」。插喉一星期後，嫲嫲在睡夢中離去。直到現在，陳先生想起嫲嫲的話，想起當時的情況，還是不知道該插還是不該插。

STORY
預早問意願

　　何小姐的媽媽十年前確診認知障礙症。她最初接受訪問時很猶豫:「難道身體還好,只是不能進食,那也不插(鼻胃喉)嗎?」

　　後來決定趁媽媽仍然能說話,鼓起勇氣開口問:「那天我叫媽媽做運動,乘機講多一句:『多做運動,不然有些人老了吃不到,要插喉㗎!如果是你,會唔會想插?』媽媽靜了靜,說:『老了就要死啦!』『有的唔係好老,只是吃唔到。』我講完,媽媽就答:『插喉好痛的 …… 老咗都係死,唔死街頭無位企。』」

何小姐這刻不能肯定以後會如何，但起碼她知道媽媽的意願。

每位家人點睇？

需要討論的要點？

需要澄清的地方？

照顧者大大聲：鼻胃喉插定唔插？

照顧者好大掙扎：唔插怕無營養，但插了就要綁埋，生存和生活質素如何平衡？

Eva 因為有哥哥臨終前的經驗，讓媽媽選擇「點都唔插」；

Gabe 媽媽經歷生死關頭，三年來都頗接受以鼻胃喉餵營養奶；

小惠媽媽一度插喉，但憑著女兒和自己「想食嘢」的意志，現在成功甩喉！三位資深照顧者，向大家分享如何選擇，以及餵食與插喉的護理經驗。

照顧者大大聲：　　　　　影片：

鼻胃喉插定唔插？

安寧頌：　　　　　　　　影片：

為認知障礙症患者提供

餵飼管的抉擇

照顧筆記

書籍編輯	陳曉蕾
書籍助理編輯	宋霖鈴
專題編採團隊	蕭煒春、余穎彤
書籍設計	Half Room
插畫	@o_biechu

出版　　　　大銀力量有限公司

　　　　　　九龍油麻地上海街 433 號

　　　　　　興華中心 21 樓 03-04 室

　　　　　　bigsilver.org

發行　　　　大銀力量有限公司

承印　　　　森盈達印刷製作

印次　　　　2022 年 10 月初版

規格　　　　120mm×180mm　152 頁

**BIG SILVER
COMMUNITY
大銀力量**